한눈에 문제 의도가 보인다

한눈에 문제를 풀고 싶어진다

———

이 책을 통해 실현하려는 목표

너트는 전부 몇 개일까?

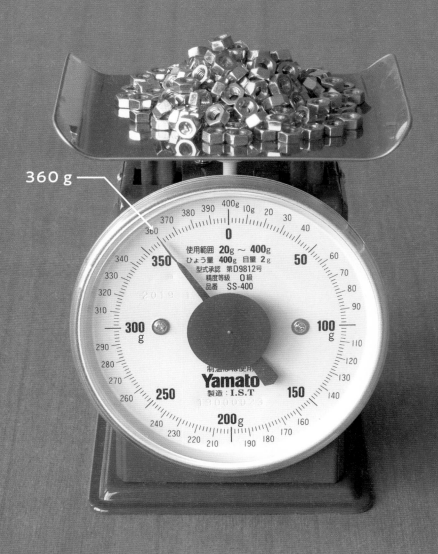

360 g

357 g

조금 생각한 후
다음 페이지로 넘기자

사고법

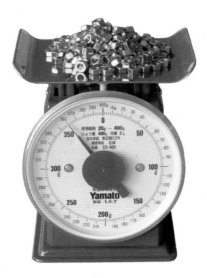

360 g

357g   3g

모든 너트의 무게 360g을

너트 1개의 무게 3g으로 나누면

몇 개인지 알 수 있다.

360 g ÷ 3 g = 120

답 **120**개

3개의 정사각형 모양의 초콜릿이 있다.
3개 모두 두께가 같다.
큰 것 1개 또는 작은 것 2개를 가질 수 있다면

어느 쪽이 더 양이 많을까?

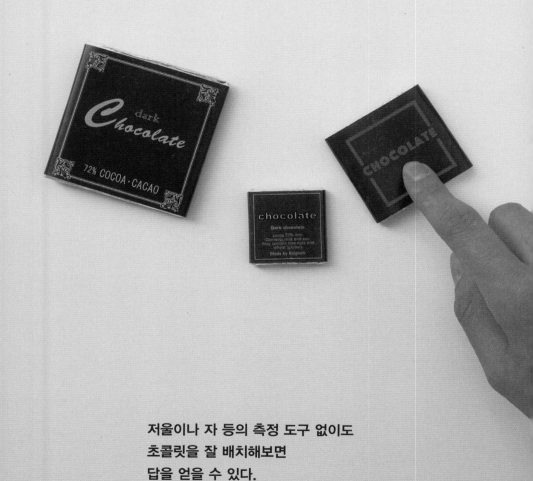

저울이나 자 등의 측정 도구 없이도
초콜릿을 잘 배치해보면
답을 얻을 수 있다.

사고법

피타고라스의 정리를 활용한다

큰 초콜릿 1개의 면적과 작은 초콜릿 2개를 더한
면적이 같다면

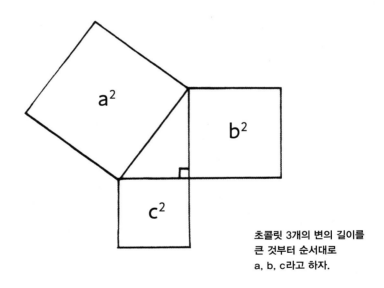

초콜릿 3개의 변의 길이를
큰 것부터 순서대로
a, b, c라고 하자.

위 그림과 같아진다.
그 이유는 피타고라스의 정리에 따라
$a^2 = b^2 + c^2$이기 때문이다.

실제로 초콜릿 3개의 변을
직각삼각형이 되도록 배치해보니

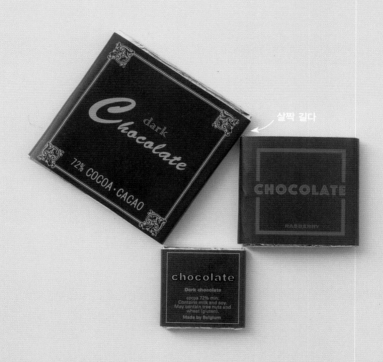

살짝 길다

큰 초콜릿을
1개 받는 것이 더 이득이다.

답 큰 초콜릿 1개

이곳은 부두.
1개의 말뚝에 2척의 배가 로프로 연결되어 있다.
왼쪽 배가 먼저 출항하려면 어떻게 해야 할까?
단, 오른쪽 로프는 풀 수 없다.

사고법

머릿속에서 움직여본다

1개의 말뚝에 걸린 2개의 로프.

로프의 움직임을 쉽게 확인할 수 있도록 모델을 만들었다.

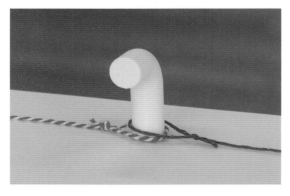

이것을 이용하여 로프를 움직여보자.

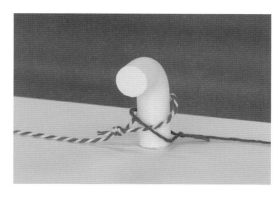

이렇게

이렇게

이렇게 하면

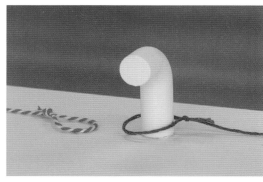

빠진다.

오른쪽 로프를 풀지 않아도
뺄 수 있다.

왼쪽 페이지의
부두 사진을 보면서
머릿속으로 로프를 빼보자.
잘해낼 수 있다.

풀고 싶은 수학

사토 마사히코 · 오시마 료 · 히로세 준야 지음

조미량 옮김

이음

차 례

난이도 미터

 쉽게 풀 수 있음

 조금 생각하면 풀 수 있음

 10분 정도 생각해야 함

 30분 정도 생각해야 함

 1시간은 걸릴 수도

 풀면 대단함

각 문제마다
표시되어 있으니
풀면서 참고하자

제 1 장

놀라지 말지어다
이것과 이것의 크기는 같다

같은 면적

버스 창문을 조금 열었다.
열린 부분 S의 면적을 구하라.

창문의 높이는 80cm, 열린 너비는 7cm로 가정한다.

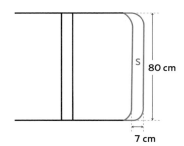

사고법

구하려는 값은
다른 곳에서도 발견할 수 있다

창문이 열려 S가 나타나면
이와 동시에 창문이 겹쳐지는 부분 S'가 발생한다.

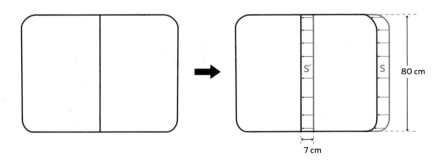

창문이 열린 부분 S의 면적은
창문이 겹쳐지는 부분 S'의 면적과 같으므로
560cm²가 된다.

답 **560cm²**

어머니가 치즈를 나누는 방법

사토 씨네 집은 아버지, 어머니, 쌍둥이 형제가 있는
4인 가족이다. 형제는 현재 초등학교 4학년이다.
어머니는 형제에게 무엇이든 공평하게 나눠 주었다.
그렇게 하지 않으면 금세 싸움이 나기 때문이다.

어느 날 아버지가 퇴근길에 백화점에 들러
가족이 모두 좋아하는 치즈를 사왔다.

백화점 식품 매장에서
판매 중인 치즈

두께는 2cm의 자연 치즈다.
위에서 보면 사다리꼴이었다.
좌우 변의 길이가 달랐다.

어머니는 쌍둥이에게
같은 양의 치즈를 먹이고 싶어 사진처럼 칼로 자르기로 했다.

아래 큰 삼각형은 아버지에게 주고
위의 작은 삼각형은 자신이 먹고
쌍둥이에게는 좌우의 삼각형을 주기로 했다.

그런데 쌍둥이는
좌우의 크기가 다르다며 싫다고 한다.

자, 어머니가 자른 방법이 올바르다는 것을 증명해보자.

사고법

먼저 발견하기 쉬운 것부터
같은 면적을 찾아보자

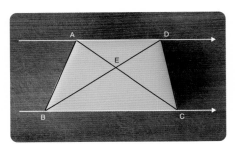

사다리꼴의 윗변과
아랫변은 평행이다.

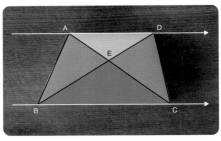

따라서
▲ABC와 ▲DBC의
높이는 같다.

즉 면적이 같다.

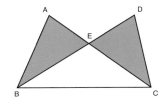

이때 겹치는 부분
△EBC를 뺀 후의 나머지
면적도 당연히 같다.

따라서 쌍둥이 형제가 먹을 치즈의 양은 같다.
어머니의 방법이 옳다는 것이 증명되었다.

제 2 장

변하지 않는 것을 눈여겨보면 '진실'이 보인다

불변량의 문제

6명의 아이가 사각 테두리 안에 서 있다.

선생님이 호루라기를 한 번 불 때마다
아이들은 왼쪽 또는 오른쪽으로 1칸 이동한다.

호루라기를 몇 번 불면

하나의 테두리에 4명 이상의 아이가

모일 수 있을까?

moderate

사 고 법

테두리에 교대로 색을 칠해보자

이것을 어려운 말로 하면
'2치화'라고 한다.

흰색　빨간색　흰색　빨간색　흰색　빨간색

그러면 처음에는 흰색에 3명, 빨간색에 3명이 서게 된다.

호루라기를 불면

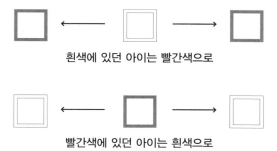

흰색에 있던 아이는 빨간색으로

빨간색에 있던 아이는 흰색으로

즉 흰색에 3명, 빨간색에 3명인 상태는
언제나 변하지 않는다.

따라서 하나의 테두리에 4명이 모이는 경우는 없다.

위의 '흰색 테두리에 3명, 빨간색 테두리에 3명'과 같이
조건 적용 전후에 변하지 않는 양을 불변량이라고 하며,
이 점을 눈여겨보면 풀기 쉬운 문제가 있다.

Invariant

교실 칠판에 '0'이 6개, '1'이 5개가 씌어 있다.

지금부터 숫자를 2개 골라 지우고 새롭게 1개를 쓴다.
이때 다음과 같은 조건에 맞게 숫자를 쓴다.

- 지운 2개의 숫자가 같으면 '0'을 1개 쓴다
- 지운 2개의 숫자가 다르면 '1'을 1개 쓴다

이 과정을 10번 반복한다.
그러면 마지막에 1개의 숫자가 남는다.
그 숫자는 무엇일까?

0 0 0 0 0 0.

1 1 1 1 1

사고법

변화의 패턴을 정리하여 조건을 적용해도 변하지 않는 양을 찾아낸다

한 번 숫자를 지웠을 때 칠판의 숫자는 어떻게 변할까?

Ⓐ 0을 2개 지웠을 때는 0을 1개 추가한다 ⟶ 여기서 <u>숫자의 합을 보면</u> 변화는 ±0

Ⓑ 1을 2개 지웠을 때는 0을 1개 추가한다 ⟶ 숫자의 합의 변화는 −2

Ⓒ 0과 1을 지웠을 때는 1을 추가한다 ⟶ 숫자의 합의 변화는 ±0

어떤 경우에도 숫자의 합의 변화는 짝수가 된다.

맨 처음의 숫자의 합은 5, 즉 홀수다.

홀수는 짝수를 아무리 더하고 빼도
변함없이 홀수다.

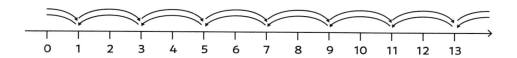

따라서 마지막으로 남는 숫자는 홀수,
즉 1이 된다.

답 **1**

칠판의 숫자는
숫자를 지울 때마다 바뀌고
그에 따라 합계도 바뀌지만
한편으론 변하지 않는 것이 있었군.

사토

그렇죠. 그 합이
홀수인지 짝수인지가
변하지 않았어요.

오시마

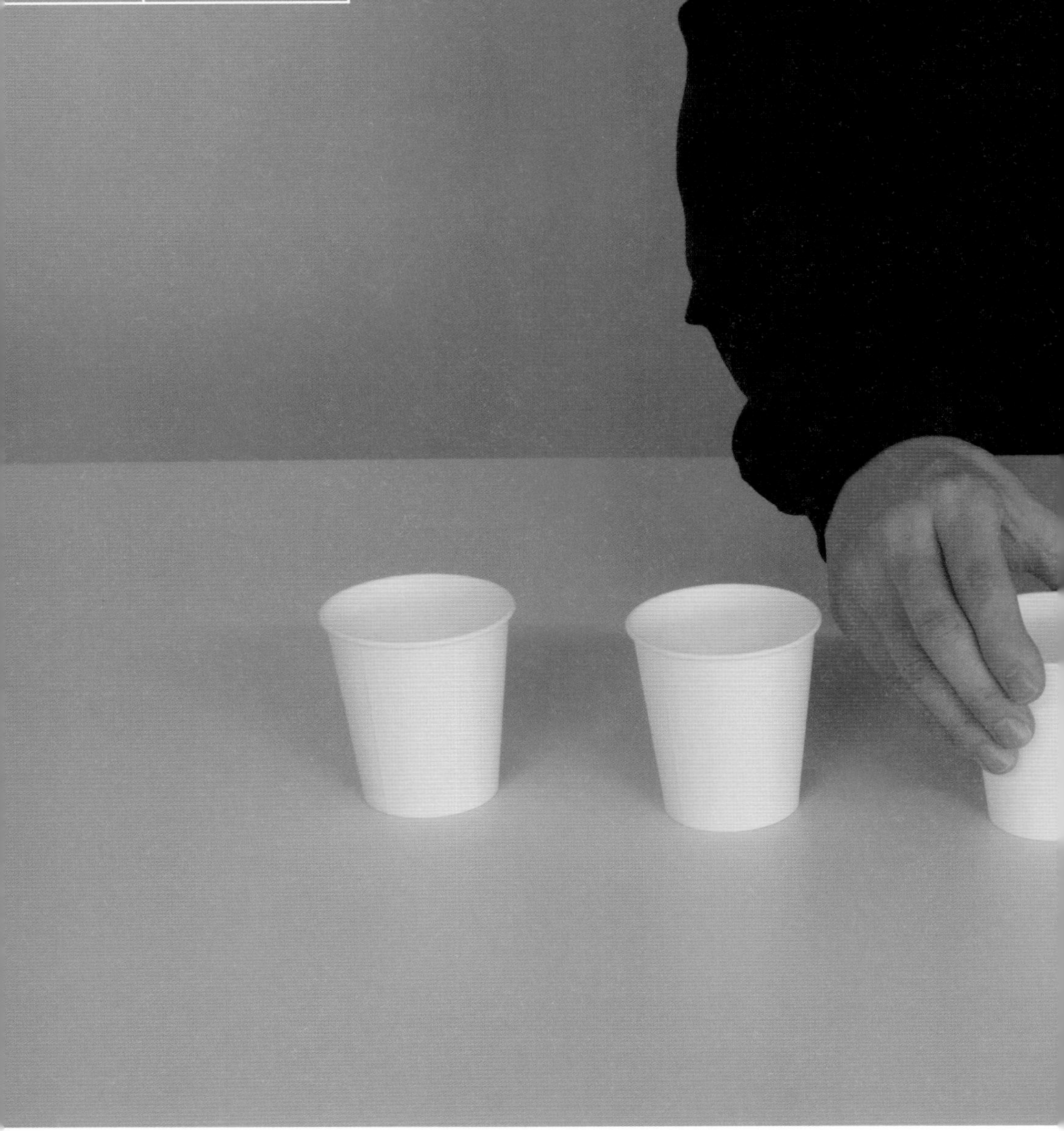

컵 5개가 위를 향해 나란히 놓여 있다.

이 상태에서 한 번에 2개씩 뒤집어
최종적으로 컵을 모두 아래로 향하게
할 수 있을까?

위를 향해 놓인 컵이 5개 있다.
이것을 최종적으로 0개로 만들 수 있느냐를 묻는 문제다.

사고법

2개씩 컵을 뒤집어도
변하지 않는 것이 있다

한 번에 2개씩 뒤집기 때문에
위를 향한 컵 수의 증감을 생각하면
다음 3가지 패턴밖에 없다.

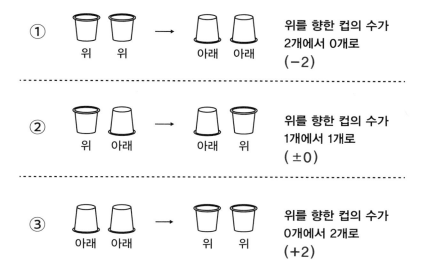

① 위 위 → 아래 아래   위를 향한 컵의 수가
2개에서 0개로
(−2)

② 위 아래 → 아래 위   위를 향한 컵의 수가
1개에서 1개로
(±0)

③ 아래 아래 → 위 위   위를 향한 컵의 수가
0개에서 2개로
(+2)

잘 살펴보면 어떤 패턴으로 뒤집어도
0개 아니면 ±2개, 즉 짝수로 늘어나고 줄어든다.

위를 향한 컵의 수는 처음에 5개, 즉 홀수이기 때문에
아무리 뒤집어도 홀수임에는 변함이 없다.
따라서 짝수인 0개가 될 수 없다.

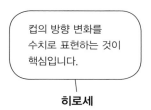

컵의 방향 변화를
수치로 표현하는 것이
핵심입니다.

히로세

답   할 수 없다

제 3 장

비둘기 수가 둥지 수보다 많으면
무슨 일이 벌어질까?

비둘기집 원리

도쿄에 사는 사람 중에 머리카락 수가
완전히 똑같은 사람이 적어도 1쌍 존재한다는 사실을
증명하라.

도쿄의 인구는 약 1400만 명이며
사람의 머리카락 수는 14만 개 미만이라고 가정한다.

moderate

사 고 법

'비둘기집 원리'를 사용한다

모르는 사람도 괜찮다.
바로 이해하게 된다.

0부터 139,999의 번호가 적힌 14만 개의 방을 준비하자.
도쿄에 사는 1400만 명에게 자신의 머리카락 수를 나타내는 방에
들어가라고 하자.

   · · · · · · · · ·

0개인   1개인   2개인   3개인   4개인   139,998개인 139,999개인
사람   사람   사람   사람   사람   사람   사람

인간의 머리카락 수는
14만 개 미만이기 때문에
반드시 어딘가 들어가게 된다.

처음 14만 명이 들어갈 때 같은 방에 사람이 있다면
그 시점에서 머리카락 수가 똑같은 사람이 있는 것이다.

처음 14만 명이 들어갈 때
전원이 각기 다른 방에 1명씩 들어간다면
그 시점에는 아직 머리카락 수가 같은 사람은 없는 것이다.

하지만 거기에 14만 1명째 사람이 들어가게 되면
당연히 어딘가의 방으로 들어가므로
그 방에는 2명이 있게 된다.

따라서 머리카락 수가 같은 사람이 있다는 것이 증명되었다.

비둘기집 원리란

10마리의 비둘기를 9개 집에 넣을 때
2마리 이상의 비둘기가 있는 집이 적어도 1개 생긴다

이를 일반화한 다음의 정리가 비둘기집 원리다.

n개의 것을 m개의 상자에 넣을 때,
n > m인 경우 2개 이상이 들어간 상자가
적어도 1개 존재한다

The Pigeonhole Principle

3×3 마방진이 있다. 여기에
1, 2, 3 숫자를 자유롭게 써넣자.

(예를 들어 오른쪽 페이지처럼)

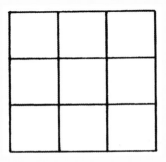

이때 가로 · 세로 · 대각선으로 늘어선 3개 숫자의
합이 같아지는 경우가 반드시 생긴다.

이는 참일까?
직접 1, 2, 3 숫자를 넣어서
확인해보자.

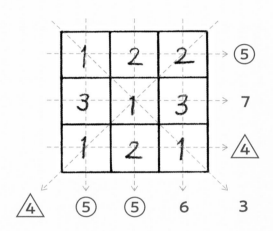

왜
이런 일이 생기는 것일까?

사고법

3개 숫자의 합이 몇 종류인지 생각해보자

숫자의 조합을 모두 써보자.

$$1+1+1 = 3$$
$$1+1+2 = 4$$
$$1+1+3 = 5$$
$$1+2+2 = 5$$
$$1+2+3 = 6$$
$$1+3+3 = 7$$
$$2+2+2 = 6$$
$$2+2+3 = 7$$
$$2+3+3 = 8$$
$$3+3+3 = 9$$

잘 살펴보면 합은
3부터 9까지 7가지뿐이다.

한편 가로·세로·대각선의 나열은
전부 8열이다.

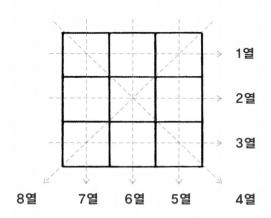

마방진 나열은 총 8열인데
3개 숫자의 합은 7가지뿐이다.

따라서 비둘기집 원리를 적용해보자.
적어도 2개의 열에는
합이 같은 열이 들어가게 된다.

3개 숫자의 합을 '비둘기집',
마방진의 나열을 '비둘기'라
생각할 수 있죠.

오시마

잠깐 휴식

제 4 장

세상을 홀수와 짝수,
둘로 나눠본다

홀짝성 문제

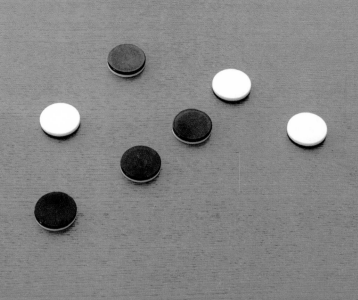

오셀로 게임의 말이 7개 있다.
현재 그중 3개가 흰색, 4개가 검은색이다.

지금부터
이 말을 6번 뒤집겠다.

어떤 말을 선택할지 모르며,
뒤집은 말을 다시 뒤집을지도 모른다.

자, 6번을 뒤집은 후
말 상태는 다음 페이지와 같아졌다.

그런데 장난치기를 좋아하는 나는
말 1개를 가렸다.

하지만 똑똑한 여러분은
내가 가린 말의 색을
알 수 있을 것이다.

흰색인가 검은색인가, 어느 쪽일까?

사 고 법

짝수인지 홀수인지에만 주목하자

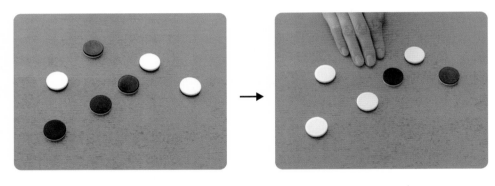

흰색 3개(홀수)
검은색 4개(짝수)

흰색 ?개(?)
검은색 ?개(?)

**6번 뒤집으면
홀수와 짝수는 어떻게 될까?**

흰색과 검은색 중 어느 것을 뒤집어도
한쪽은 1개 늘어나고 한쪽은 1개 줄어들기 때문에
짝수와 홀수가 뒤바뀐다.

	처음 상태	1번	2번	3번	4번	…
흰색 개수	홀수	짝수	홀수	짝수	홀수	…
검은색 개수	짝수	홀수	짝수	홀수	짝수	…

6번 뒤집은 뒤에는
흰색은 홀수, 검은색은 짝수가 된다.

따라서 감춘 1개는 흰색이다.

답 　흰색

이 문제에서는 흰색과 검은색의 개수가 아니라
홀수인지 짝수인지에 주목했다. 어떤 정수가 있을 때
그것이 짝수인지 홀수인지를 나타내는 것을
홀짝성(우기성)이라고 한다.

Parity

책상 위에 동전 6개가 나란히 있다.

이 동전을 사용해 나(필자)와 여러분(독자)이 함께
게임을 시작해보자.

2명이 순서대로 동전을 가져간다.
단, 맨 오른쪽 또는 맨 왼쪽 동전을 1개씩만 가져갈 수 있다.

순서대로 가져가서 동전이 전부 없어졌을 때
금액의 합계가 더 큰 쪽이 승자다.

그럼 게임을 시작해보자.
내가 먼저 1개를 가져간다.
자, 다음 페이지로 넘어가보자.

내가 가져간 동전은 이것이다.

혹시 내가 100엔을 가져가지 않아 놀랐는가?
뭔가 속셈이 있는 것 같아 찜찜한 느낌을 받았는지
모르지만, 일단 계속해보자.

자, 여러분은 100엔을 가져가는가?
아니면 5엔을 가져가는가?

아하.
당연히 100엔을
가져가야지요.

100엔을 선택

오! 5엔을 가져간다니
의외로군,
그렇다면 나는…

5엔을 선택

그렇다면 나는
10엔을
가져가야겠다.

그렇다면
50엔을 가져와야지.

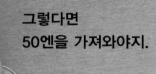

다음은 여러분 차례다.
5엔을 가져가는가?
1엔을 가져가는가?

5엔

1엔

자, 이제 여러분 차례다.
100엔을 가져가는가?
1엔을 가져가는가?

100엔

1엔

63

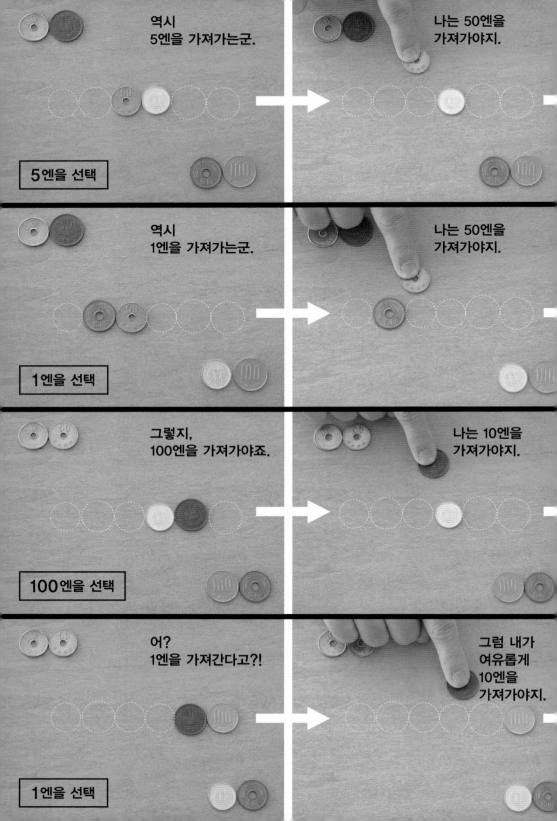

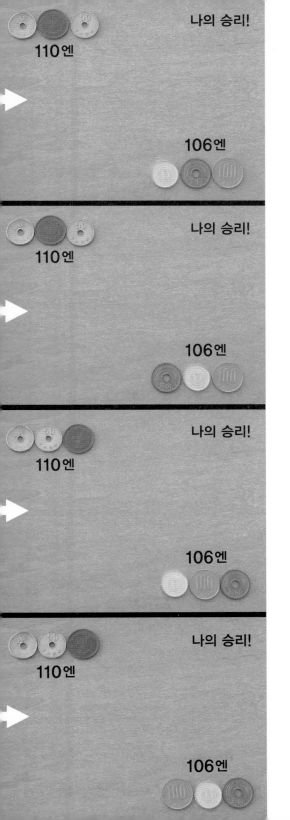

놀랍게도 결과는…

어떤 경우에도 내가 이긴다.
그것도 같은 금액으로.

왜 이런 일이
일어날까?

사고법

승자가 동전을 집는 방식에서
숨어 있는 규칙을 찾는다

나 (필자)　　　　합계　110엔

여러분 (독자)　　　合계　106엔

내가 가져간 동전에 빨간색 원○을 그리고
여러분이 가져간 동전에 파란색 원○을 그려보면
두 사람이 가져간 동전이 번갈아 나란히 있다는 것을 알 수 있다.

사실 게임을 시작하기 전에
나는 빨간색 동전(왼쪽부터 홀수 번째)의 합과
파란색 동전(왼쪽부터 짝수 번째)의 합을
재빨리 암산했다.

그리고 빨간색 동전을 전부 가져가면
이 게임에서 이긴다는 것을 깨달았다.

여러분은 이때
이미 진 것이다.

그렇다면 어떻게 빨간색 동전을
모두 가져갈 수 있었을까?

먼저 왼쪽 끝의 빨간색 동전을 가져간다.

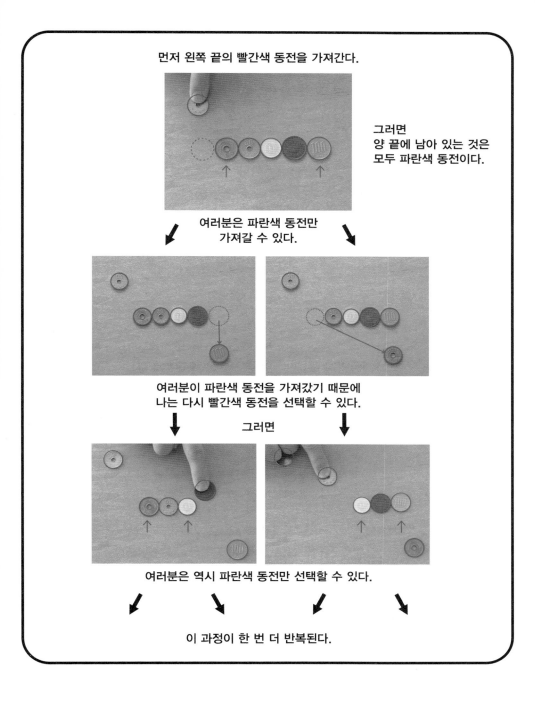

그러면
양 끝에 남아 있는 것은
모두 파란색 동전이다.

여러분은 파란색 동전만
가져갈 수 있다.

여러분이 파란색 동전을 가져갔기 때문에
나는 다시 빨간색 동전을 선택할 수 있다.

그러면

여러분은 역시 파란색 동전만 선택할 수 있다.

이 과정이 한 번 더 반복된다.

이렇게 선수를 빼앗겨 뒤에 동전을 잡은 여러분은
마지막까지 파란색 동전만 가져가 결국 지게 된다.

주사위가 1개 있다.
지금부터 이 주사위를 전후좌우 중 한 방향으로
90도씩 굴릴 것이다.

이런 식으로
회전해도 좋다.

한 번에 90도를 돌린 후
또다시 마음 가는 방향으로 90도 굴린다.

4~5차례 반복했더니
위와 같아졌다.

사실 이 2장의 사진을 통해 회전한 횟수가
엄밀하게 4번인지, 5번인지 알 수 있다.
어떻게 알 수 있을까?

ultimate

처음에 주사위의 면은
6, 5, 3이 보인다.

사 고 법

90도 회전했을 때 사라지는 면과
보이는 면의 관계를 생각하자

시험 삼아 회전해보면 보이던 3개의 면 중에서
1개의 면만 바뀐다는 것을 알 수 있다.

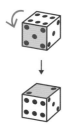

↓

5가 사라지면 반대쪽 면의
2가 나온다

5 → 2

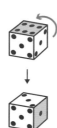

↓

6이 사라지면 반대쪽 면의
1이 나온다

6 → 1

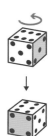

↓

3이 사라지면 반대쪽 면의
4가 나온다

3 → 4

주사위는 반대쪽 면과의 합이 7이 되도록
만들어져 있다는 사실을 떠올리자.
7은 홀수이므로 반대쪽 면의 조합은
반드시 (짝수, 홀수)가 된다.

따라서 90도 회전했을 때 사라지는 면과 나오는 면의 관계는
다음과 같은 2가지 패턴뿐이다.

$$\begin{cases} \text{짝수가 사라지고 홀수가 나온다} \\ \qquad\qquad \text{또는} \\ \text{홀수가 사라지고 짝수가 나온다} \end{cases}$$

즉 90도 회전해서
나오는 면 1개의
홀수와 짝수가 교체된다.
사실 이때 3면의
합의 홀수와 짝수도 교체된다.

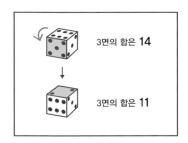

3면의 합은 14

3면의 합은 11

문제의 주사위는
보이는 3면의 합이 짝수에서 시작해
짝수로 끝났다.

처음 상태

3면의 합은 14(짝수)

4, 5번 90도 회전하면 →

최종 상태

3면의 합은 6(짝수)

따라서 회전한 횟수는 짝수 번,
즉 4번이라는 것을 알 수 있다.

답 4번

제 5 장

한 지점에서 다른 한 지점으로 이동한다면
직선이 가장 가깝다

삼각부등식

이는 요코하마의 위성사진이다.
왼쪽 페이지에 보이는 것이 요코하마 야구장이다.
가운데 바둑판처럼 보이는 것이 그 유명한 차이나타운이다.

다음 페이지에는 차이나타운과 관련된 문제가 나온다.

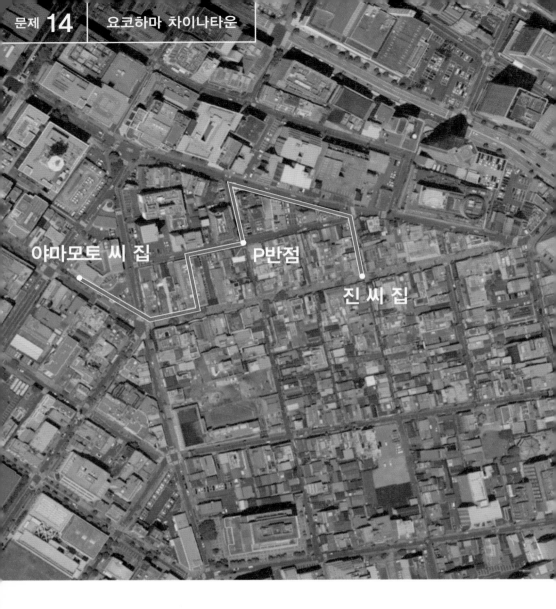

차이나타운에 사는 진 씨는 친구인 야마모토 씨와
P반점에서 샤오룽바오를 먹었다.
이후 야마모토 씨는 <u>빨간색 길</u>, 진 씨는 <u>파란색 길</u>을 따라
집으로 돌아갔다.
두 사람의 걷는 속도가 같다고 할 때
누가 먼저 집에 도착했을까?

야마모토 씨 집　　　**P반점**

진 씨 집

단, 두 사람이 사는 곳 주변은
격자 모양으로 나뉘어 있으며
각 칸은 모두 정사각형이다.

사고법

문제를 단순화하다 보면
마지막에 핵심이 드러난다

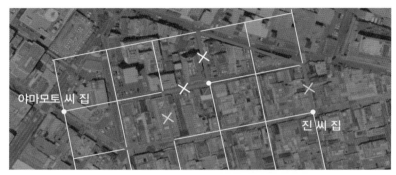

먼저 두 사람이 지나간 길에서 같은 길이의 변을 각각 지운다.

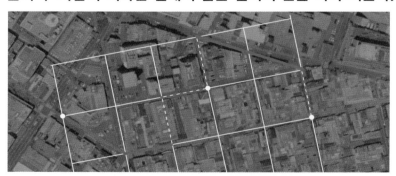

다음으로 남은 선의 길이를 비교한다.

선을 옮기니 삼각형이 생겼다.

드디어
문제의 핵심이
드러났군요.

히로세

2개의 점을 잇는 최단 경로는 직선이다.
마지막에 생긴 삼각형을 보면
파란색 선이 빨간색의 꺾인 선보다 짧다는 것을 알 수 있다.

즉 파란색 길의 진 씨의 경로가
더 짧다.

답 진 씨가 먼저 집에 도착했다

'삼각형의 1변의 길이는
다른 2변의 길이의 합보다 작다'
고 알려져 있다.

이를 삼각부등식이라고 부른다.

따라서
'2개의 점을 잇는 최단 경로는 직선'
이라는 것을 도출할 수 있다.

Triangle Inequality

십자로가 있다.
뒤쪽 안전 삼각뿔 A부터 앞쪽 안전 삼각뿔 B까지 걸어갈 때
최단 경로는 어떻게 될까?
단, 차도는 수직으로 건너야 한다.

위에서 본 사진을
참고하자.

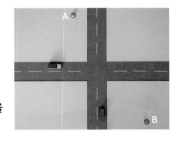

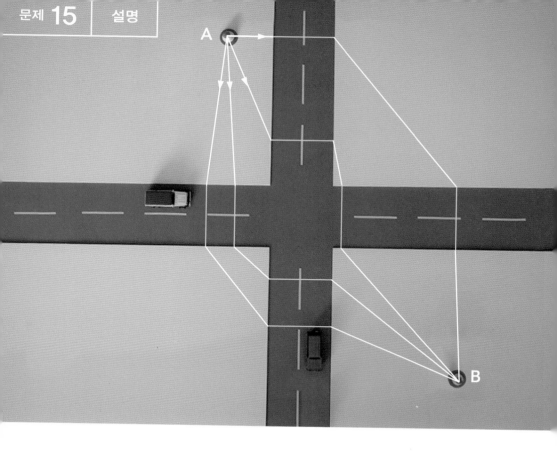

사고법

차도는 없다고 생각하자

어떤 경로를 이용해도 A에서 B로 가려면 가로 차도를 한 번,
세로 차도를 한 번 건너야 한다.
그리고 어디에서 차도를 건너든 거리는 같다.
어차피 똑같다면 차도를 아예 없다고 생각하자.

> 차도를 없는 것으로 친다!
> 수학은 자유로워요.

— 사토

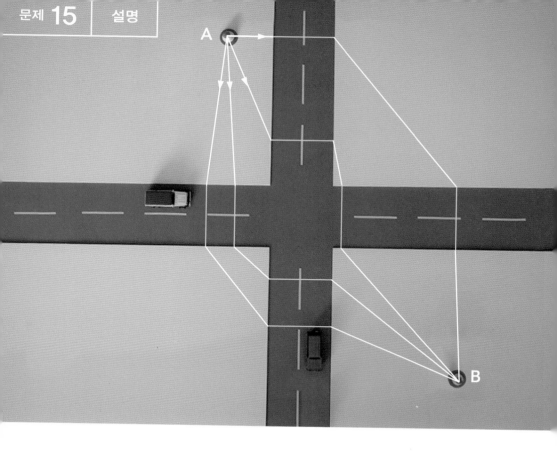

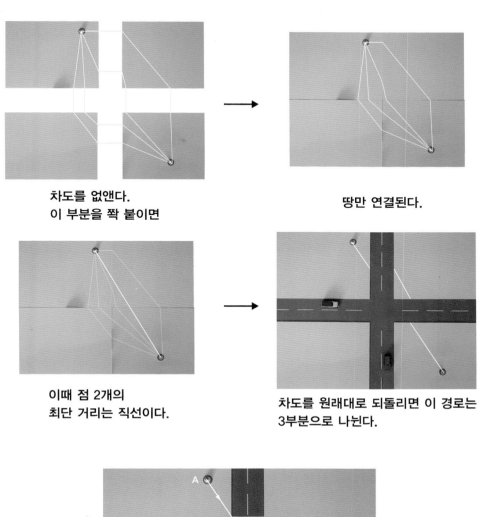

차도를 없앤다.
이 부분을 쫙 붙이면

땅만 연결된다.

이때 점 2개의
최단 거리는 직선이다.

차도를 원래대로 되돌리면 이 경로는
3부분으로 나뉜다.

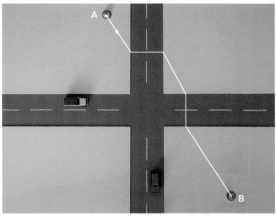

차도를 건너는 선을 더하면 최단 경로가 완성된다.

tea time

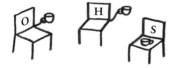

제 6 장

여러 조건이
답을 결정한다

조건에 조건을 더하다

직육면체의 초콜릿 케이크에
직사각형의 흰색 장식이 올려져 있다.
칼로 위에서 한 번만 일직선으로 잘라
케이크도 장식도 딱 반으로 나누려면
어떻게 해야 할까?

장식은 케이크 가운데에
올려져 있지 않다.

easy

이렇다.
케이크의 중심과 장식의 중심을 모두
지나는 직선을 따라 자르면 된다.

사고법

조건에 조건을 더하다 보면
답이 보인다

케이크도 장식도 직사각형이기 때문에
중심을 지나는 직선을 따라 자르면 면적이 반이 된다.

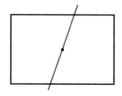 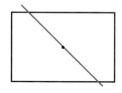 

직사각형이 1개일
경우 반으로 자를 수
있는 직선은 무한대다.

케이크도 장식도 동시에
반으로 자르려면 직선은
케이크의 중심과 장식의 중심을
모두 관통해야 한다.

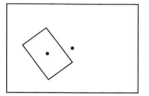

즉 각각의 중심을 잇는 직선을 따라 자르면
동시에 2개의 면적을 반으로 나눌 수 있다.

어려워 보이지만 주어진 여러 개의 조건을
더해가다 보면 답을 얻을 수 있으며,
그 점이 재밌는 부분이기도 합니다.
그럼, 다음 문제를 풀어보시죠.

사토

가위, 끈, 연필, 테이프를 사용하여
도형을 그린다.

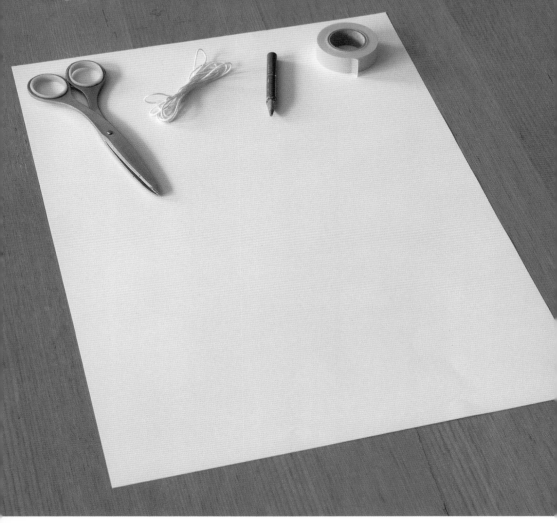

예를 들어
이런 식으로 이용한다면
원을 그릴 수 있다.

그럼 문제다.

왼쪽과 같은 도형을 한 번에 그리려면
도구를 어떻게 사용해야 할까?

이 도형의 윗부분과 아랫부분은
각각 원의 일부다.

difficult

이걸로 그릴 수 있다.

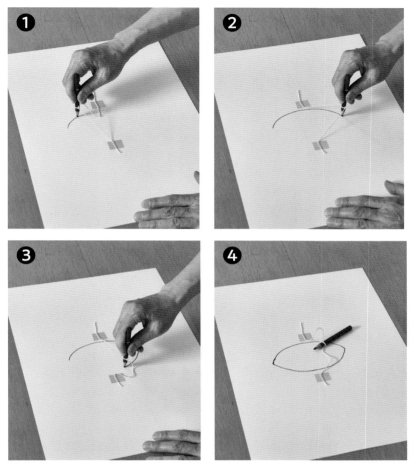

아래쪽 끈은 위 호를 그릴 때 사용한다.
위쪽 끈은 아래 호를 그릴 때 사용한다.

사고법

각각의 조건을 더해가다 보면
답이 보인다

어려운 문제 검토 중

제 7 장

비교하기 어려운 것을
비교하려면

비교 문제

엽전을 빨강과 파랑으로 색칠했다.
자, 이 중 면적이 큰 것은 어느 색일까?

이때 가운데 사각형은 정사각형이다.

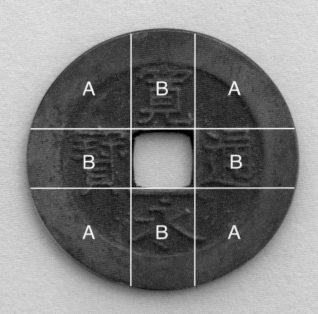

사 고 법

비교하기 어려운 것은
비교할 수 있는 형태로 만든다

사진처럼 나누면

빨간색은　　A가 2개　　B가 2개
파란색은　　A가 2개　　B가 2개

즉 빨간색과 파란색의 면적은 같다.

31^{11} 17^{14}

어느 쪽이
더 클까?

문제 18에서 배운 것

비교하기 어려운 것은
비교할 수 있는 형태로 만든다

그럼에도 이 문제는
비교하기 매우 어려운 형태다.

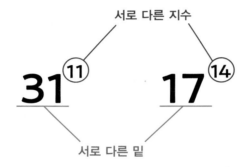

서로 다른 지수

31^{11} 17^{14}

서로 다른 밑

이 상태로는 비교하려고 해도 비교하기 힘들다.

적어도 어느 한쪽이 같다면
비교할 수 있겠지만…

예를 들어 밑을 같은 숫자로 만들려면
어떻게 하면 좋을까?

31이란 숫자와 17이라는 숫자를 뚫어지게
들여다본다…

지금부터는
열린 사고를 해야 한다.
모두 잘 생각해보자.

31도 17도 2^n으로 표현할 수 있는 수(32와 16)와
가깝다는 것을 눈치챘는가?

이를 참고하여 풀어보면

$$31 = 32 - 1 = 2^5 - 1 < 2^5$$
$$17 = 16 + 1 = 2^4 + 1 > 2^4$$

그렇다는 것은

$$31^{11} < (2^5)^{11} = 2^{55}$$
$$17^{14} > (2^4)^{14} = 2^{56}$$

밑이
같아졌다.

이것으로

$$31^{11} < 2^{55} < 2^{56} < 17^{14}$$

이 되므로, 비교할 수 있게 되었다.

답 17^{14}

어,
풀었다!

제 8 장

논리적 도미노

수학적 귀납법

문제 20   승부욕이 강한 두 사람

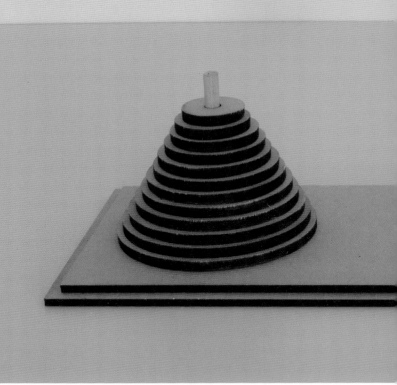

승부욕이 강한 두 사람

퍼즐을 좋아하는 2명의 소년이 있다.
유 군과 도 군이라고 한다.

어느 날 두 사람은 하노이 탑이라는 퍼즐에 열중했다.
이 퍼즐은 크기가 다른 원반을 많이 사용한다.
처음 상태를 보면 모든 원반은 왼쪽 끝의 봉에 끼워져 있었다.
지금부터 원반을 하나씩 옮겨 오른쪽 끝 봉에 끼울 것이다.

원반 이동 시 규칙

- 작은 원반 위에 큰 원반을 놓을 수 없음
- 원반은 3개의 봉 이외에는 놓을 수 없음

두 사람은 지금 원반 12개를 가지고
누가 더 빨리 문제를 풀 수 있는지 경쟁하고 있다.

조금 지나 유 군의 의기양양한 목소리가 들렸다.
"아, 이렇게 하면 되겠다!"
12개의 원반을 옮기는 순서를 발견한 듯했다.

그러자 바로 도 군도 지지 않겠다는 듯 말했다.
"그럼 원반이 1개 늘어서 13개가 되어도 반드시 옮길 수 있겠네."

자, 유 군의 답을 듣고 13개로도 가능하다고 말한
도 군은 어떤 생각을 했을까?

두 사람은 원반을 1개 더 늘려 13개로
해보기로 했다.

도 군

먼저 '유 군의
순서'대로 하면
왼쪽 위부터 12개를
가운데로 옮길 수
있겠군.

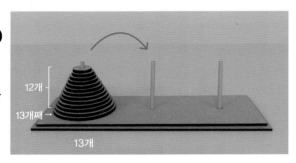

유 군

그렇지. 하지만
이때 가장 큰 1개는
아직 왼쪽에 있어.

도 군

다음에 이
가장 큰 원반
1개를
오른쪽으로
옮겨야지.

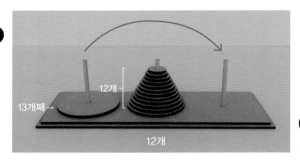

유 군

그러면?

도 군

마지막으로 한 번 더
'유 군의 순서'를
활용한다.
이번에는 가운데 있는
12개를 오른쪽으로
옮기는 거지.

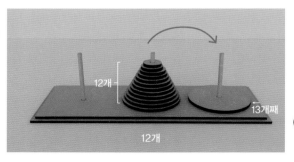

유 군

그러면 되겠구나!

도 군

이 방식대로 하면
원반이 14개여도
가능하겠어.

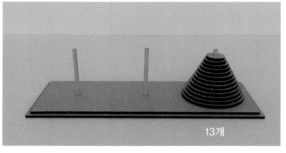

유 군

그렇다면… 몇 개든
상관없다는 거군.

유 군과 도 군은 원반 수가
12개였을 때 옮기는 데 성공한 것을 계기로,

    K개일 때도 가능하다면
    K+1개일 때도 가능하며
    계속 개수를 늘려가면
    원반이 몇 개든 상관없이 가능하지 않을까

하는 생각에까지 도달했다.

이를 수학적 귀납법이라고 한다.

Mathematical Induction

이 책에서 가장
추천하는 문제는?

문제 22!　　문제 22!　　문제 22!

제 9 장

푸는 즐거움이
여기에 있다

수료 문제

한 IT 기업에서 기념 촬영을 위해 직원들이 나란히 줄을 서 있다.

이때 각각의 세로 열에서 1명,
가장 키가 큰 사람을 뽑아보았다.
이렇게 선택된 사람 중에서 가장 키가 작은 사람은
존 스미스였다.

이번에는 각각의 가로 행에서 1명,
가장 키가 작은 사람을 뽑아보았다.
이렇게 선택된 사람 중에서 가장 키가 큰 사람은
메리 브라운이었다.

그렇다면 여기서 문제.
존과 메리 중
키가 더 큰 사람은 누구일까?

impossible

특별 힌트

두 대상을 직접 비교할 수 없을 때는
이들과 비교할 수 있는 공통 부분을 찾는다.
존과 메리 모두와 비교할 수 있는 사람은 누구일까?

존이 있는 열을 파란색으로,
메리가 있는 행을 빨간색으로 표시하면
파란색 열과 빨간색 행이 겹치는 부분에 사람이 있다.

이 사람을 임시로 앨릭스라 부르기로 하고 살펴보면…

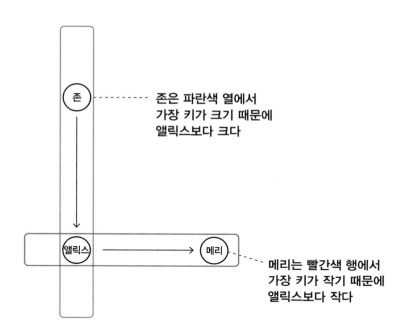

존은 파란색 열에서
가장 키가 크기 때문에
앨릭스보다 크다

메리는 빨간색 행에서
가장 키가 작기 때문에
앨릭스보다 작다

따라서 키는

존 > 앨릭스 > 메리

순이 된다.
이를 통해 키가 큰 사람은 존이라는 것을 알 수 있다.

답 존

사 고 법

비교하기 어려운 것은
비교할 수 있는 형태로 만든다

정사각형의 포장 타일이
촘촘하게 깔린 보행로가 있다.
타일의 모서리 중 5곳을 자유롭게 선택해
그 모서리끼리 모두 직선으로 잇는다.

이때 연결한 직선 중 하나가 반드시
어떤 타일의 모서리를 지나가는 것을 증명하라.

사고법

타일의 모서리를 숫자로 표현한다

수치화하면
구체적으로 다룰 수 있게 되어
문제의 핵심이 드러난다.

오른쪽 그림과 같이 보행로에 좌표축을 그리면
타일의 모서리는 모두 (정수, 정수) 형태의 좌표가 된다.

여기서 짝수인지 홀수인지에 주목하면 모서리의 좌표는
다음 4가지 패턴밖에 없다.

예를 들어 오른쪽 사진의 5개의
모서리는 이렇게 분류된다.

① **(짝수, 짝수)**　　　(4, 2)
② **(짝수, 홀수)**　　　(0, 5)
③ **(홀수, 홀수)**　　　(1, 1), (5, 3)
④ **(홀수, 짝수)**　　　(5, 4)

모서리를 5개 선택하면 4가지 패턴이 생기기 때문에 <u>비둘기집 원리</u>에
따라 적어도 2개의 모서리가 같은 패턴에 속하게 된다.
자, 2개의 모서리가 같은 패턴에 속하면 어떤 일이 일어날까?

여기부터 흥미로워요.

히로세

2개의 모서리의 좌표를 (a, b), (c, d)로 만들면 중점의 좌표는
$\left(\dfrac{a+c}{2}, \dfrac{b+d}{2}\right)$로 표현할 수 있다.

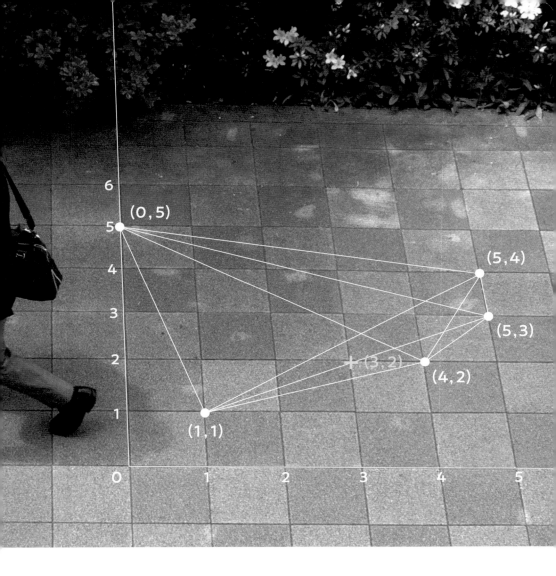

이때 a와 c, b와 d의 <u>홀짝성</u>이 각각 같아서 짝수와 짝수 또는
홀수와 홀수의 조합이면 a+c, b+d는 모두 짝수가 된다.

짝수는 2로 나눌 수 있기 때문에
중점의 좌표는 (정수, 정수) 형태가 된다.
이는 곧 그 중점이 타일의 모서리라는 것을 의미한다.

이 문제에는
비둘기집 원리와 홀짝성이라는
2개의 핵심이 존재한다.

마지막 장

이 책은 이 문제에서 시작됐다

단초가 된 문제

문제 23   타일의 각도

$x°$

$x° + y°$는 몇 도인가?

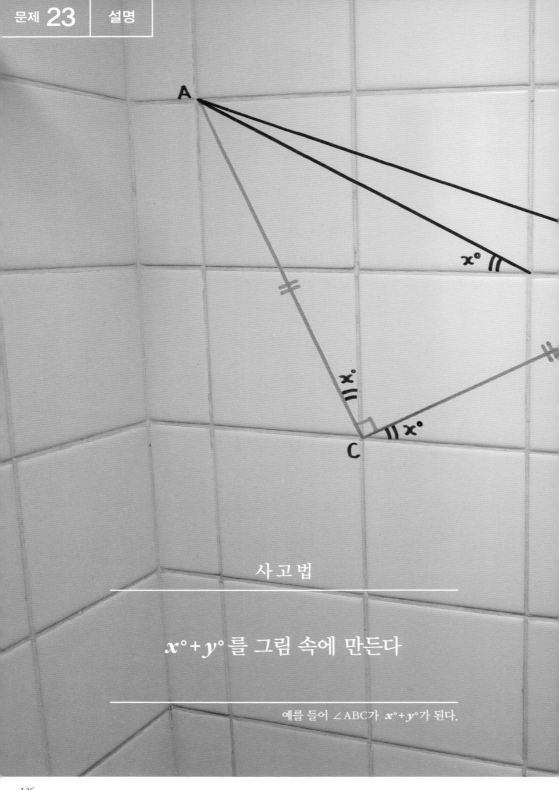

사고법

$x°+y°$를 그림 속에 만든다

예를 들어 ∠ABC가 $x°+y°$가 된다.

$y°$

$x°$ B

보조선 AC와 BC를 그으면

△ABC에서 AC=BC

∠C=90°

∴ △ABC는 직각이등변삼각형

∴ ∠ABC는 45°

즉 $x° + y° = 45°$

이 책은 이렇게 탄생했다

───── 후기를 대신하여

    여기서는 이 책의 탄생 경위를 저자 3명이 각자 생각을 담아 적었다. 이것으로 후기를 대신하면서, 우선 저자 3명이 참여하게 된 배경을 간단히 소개한다. (사토 마사히코)

    게이오기주쿠대학 쇼난 후지사와 캠퍼스에는 2008년까지 사토 마사히코 연구실이 있었다. 2009년 나는 그 연구실의 마지막 학생 몇몇과 함께 수학 연구회를 만들었다. 딱히 목표가 있었던 것은 아니고, 단지 재밌는 문제를 찾아내 그것을 푸는 연구회였다. 2주에 한 번 토요일마다 내 사무실에 모여 수학에 푹 빠져 하루를 보냈다. 이는 2015년까지 이어졌다. 교재로 선정한 《수학 동아리(Mathematical Circles: Russian Experience)》는 양서라 읽다 보면 감동에 가까운 흥분을 느꼈다. 대단히 알찬 연구 모임이었지만 목표가 없다는 점 때문에 한편으로 무언가 찜찜함이 남았다. 그러다 2015년 4월 우연히 무언가를 발견하게 되면서 갑작스레 목표가 생겼다.

초조한 토요일   사토 마사히코

    나는 그 토요일 아침, 전에 없이 초조했다. 오후에 일찌감치 연구회가 열릴 예정이지만 그에 대한 준비가 전혀 되어 있지 않아서였다. 이 연구회는 내가 있던 게이오기주쿠대학의 사토 연구회에서 파생된 것으로 수학에 특화된 모임이다. 2009년부터 시작해 거의 격주로 쓰키지에 있는 내 사무실에, 사토 연구회에 참여하던 수학을 좋아하는 졸업생이 모였다. 그 초조하던 토요일은 2015년 4월의 어느 날이었다.

    왜 나는 초조했을까? 실은 부끄럽지만 숙제를 하지 않았기 때문이었다. 이런 나이에 숙제라니 이상하겠지만 이 연구회에서는 예외 없이 모든 이에게 숙제가 주어졌다. 숙제는 수학 문제를 푸는 것이 아니었다. 문제를 '만드는' 것이었다.

    어떤 문제를 내면 모두가 놀랄까? 그날은 솔직히 이런 불순한 동기도 있었다. 4시간 후에 모두가 모일 것이다. 초조함은 점점 더 커져갔다. 연구회가 시작되기 직전에 벼락치기로 숙제를 하는 일이 매번 이어졌다. 한 주의 업무에서 해방되는 토요일 아침에 나는 이처럼 또 다른 압박에 시달렸다.

    지푸라기라도 잡는 심정으로 닥치는 대로 수학 문제집과 과거 입시 문제를 뒤졌다.

힌트가 없을까 하는 찰나에 1개, 전형적인 기하 각도를 묻는 문제가 눈에 들어왔다. 특별한 수학적 개념이 숨어 있는 문제는 아니었다. 연구회에는 수학적 사고법을 중시하는 경향이 있어 '홀짝성', '비둘기집 원리', '불변량'과 같은 사고법이 나올 때마

사진 1

다 탄성이 터져 나오곤 했다. 모르는 사람이 보면 틀림없이 이상해 보일 것이다. 그런 연구회에 흔한 중학교 입시 문제는 어울리지 않는다…. 그러나 그 순간 애용하던 디지털카메라 캐논 S120을 들고 화장실로 달려갔다. 그리고 찍은 사진을 바로 인쇄했고 그 사진에 자를 대고 선을 그린 뒤 글귀를 적었다(사진 1). 나중에 이 사진의 데이터를 확인하니 날짜가 2015년 4월 25일 9:25:44였다. 연구회는 오후 1시부터였는데, 이날도 역시 벼락치기였던 셈이다.

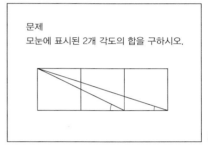

문제
모눈에 표시된 2개 각도의 합을 구하시오.

그림 1

촬영한 것은 화장실 벽 타일이었다. 우연히 중학교 입시 문제(그림 1)를 봤을 때 왠지 실제 타일에 이 문제를 적용하면 어떻게 보일지가 궁금했다. 대단한 발상은 아니라고 생각했지만 시간 안에 숙제를 마치는 것이 중요했기 때문에 실행에 옮겼다. 그때 정면에서 타일을 찍은 사진도 있었지만 살짝 비스듬히 찍은 사진이 좋다는 직감으로 이 사진을 사용했다. 물론 사진에 찍힌 타일은 정확하게 말하면 정사각형이 아니라 왜곡되어 보인다. 하지만 신경 쓰지 않았다. 나중에 고찰해보니 여기에 중요한 열쇠가 숨어 있었다.

반나절이 지나 수학에 푹 빠져 보낸 하루가 끝났다. 모두 돌아간 후 혼자 사무실에 남아 아침에 순간적으로 만든 문제와 그것을 제시할 때의 반응을 회상했다. 그제야 겨우 자신이 만든 문제를 진지하게 대면할 수 있었던 것이다.

"선생님, 이거 꽤 어려운데요."
"간단한 문제지만 바로 풀리지 않는군요."

이런 말을 들은 듯하다…. 아니, 잠깐. 모두 문제 용지(사진 1)를 받아 든 순간에 바로 풀기 시작했다. 타일의 왜곡에 신경 쓰는 사람은 없었다. 오히려 간단히 문제 풀이에 몰입해 정신없어하던 모습이 인상 깊었다.

나는 사진을 사용한 문제와 참고한 입시 문제를 비교했다(사진 1과 그림 1). 문제의 본질은 같다. 그리고 도형은 입시 문제 쪽이 더 정확했다. 왜냐면 사진 속 타일은 원근 때문에 왜곡이 발생한다. 하지만 왜곡 같은 것은 신경 쓰지 않고 문제의 의미를 간단히 파악했던 것이다. 그리고 마음속을 진지하게 들여다보니 왜곡된 사진이 더 문제를 풀고 싶게 만들었다. 그 '풀고 싶다'는 심리는 어디서 온 것일까? 자의적 의문일지 모르지만 나는 그것을 탐구하기 시작했다.

인간의 중요한 인지능력 중 하나는 '지각 항상성'이다. 같은 대상이라도 보는 방향, 거리, 조명 등 상황이 다르면 그것을 보는 방법(=망막에 비치는 모습)이 변한다. 그러나 인간은 그 변화된 모습에서 대상이 변함없이 가진 본래의 형태와 색을 지각할 수 있다. 이것이 지각 항상성이다. 내가 돌발적으로 한 행동, 즉 화장실 타일을 촬영하고 그 사진의 왜곡된 도형에 거칠게 선을 그리고 글귀를 쓴 행동은 결과적으로 문제를 푸는 사람에게 지각 항상성을 불러일으킨 셈이다. 즉 주어진 문제를 무의식적으로 받아들인 후, 왜곡된 부분을 수정해 자신에게 다시 제시한 것이다. 실제 타일 사진을 보고 내면에서 새로운 이상적인 정사각형의 모눈을 만들어 거기에 수학 문제를 적용한 것이다. 조금 비약적일 수 있지만 '문제를 자신의 것으로 만들었다'고 할 수 있다.

나는 오랫동안 수학을 가르치는 방법을 연구하고 모색해왔다. 〈일상에 숨어 있는 수리곡선 DVD-book〉, 〈피타고라스위치〉와 같은 유아 교육 프로그램의 스핀오프인 〈수 피타고라스!〉와 같은 프로그램, 〈눈으로 보는 산수〉 등 교실에서 사용하는 영상 교재가 그 성과물로 나왔다. 다만 모두 영상을 활용한 방법이다. 왜 서적, 즉 문자를 중심으로 한 미디어에서는 수학을 다루지 않았을까? 아니, 왜 다루지 못했을까? 이 왜곡된 타일 사진으로 문제를 만들었을 때 그 이유를 확실히 깨달았다.

수학의 문장은 문제 의도를 파악하기 어렵게 만든다
수학의 문장은 의무감이 들게 한다

이 2가지 난제가 수학 교육에 늘 가로놓여 배우는 사람의 앞길을 막았다. 수학의 재미를 깨닫기 전에 벽에 부딪히는 것이다. 그럴 뿐 아니라 '문제의 뜻을 모르겠다'는 말은 쉽게 토로하기 힘들다. 의무감에서 벗어나 '이 수학 문제를 풀어줘, 풀어줘!' 하며 흥미를 자극하는 세계가 있다는 사실을 상상조차 못하게 만들었다. 하지만 이번 화장실 타일 문제가 알려준 것이다. 실제로 존재하는 것을 이용해 수학 문제를 만들면

한눈에 문제 의도가 보인다.
한눈에 문제를 풀고 싶어진다.

이렇게 해서 2009년에 연구회를 시작한 지 6년 만에 우리는 목표를 찾았다. 그 후 6년이 더 지난 2021년에 이 책이 완성되었다.

이 긴 여정을 함께해준 오시마 료 씨와 히로세 준야 씨는 게이오기주쿠대학 사토 연구회의 마지막 연구생이다. 수학에 특화된 입시를 두 사람 모두 만점으로 뚫고 내게 와주었다. 벌써 15년 전 일이다. 최근 몇 년간 이 두 사람이 앞장서서 이 프로젝트를 진행해왔다고 해도 과언이 아니다. 오시마 씨, 히로세 씨 덕분에 드디어 결실을 맺게 되었다. 오랜 시간 여러 수학 개념 안에서 셋이 함께 발버둥 쳤다. 그 노고가 이렇게 늠름한 형태로 우리 앞에 나타났다. 두 사람의 성의와 순수함에 감사의 말을 전한다.

그리고 이렇게 실물로 완성하기까지 이와나미 쇼텐의 하마카도 마미코 씨의 힘이 컸다. 하마카도 씨는 편집자의 역할을 넘어 10년 가까이 이 연구회 멤버로 문제를 출제했고, 함께 머리를 맞대며 풀어온 동료이기도 하다. 오래도록 사랑받는 책을 만들고 싶다는 하마카도 씨의 강한 의지가 없었다면 이 책은 세상에 나오지 못했을 것이다.

긴 시간 함께하며 항상 묵묵히 우리 세 사람을 지켜봐주어서 고마울 따름이다. 수학책이지만 재능을 발휘해 멋지게 디자인해준 가이즈카 도모코 씨에게도 감사를 전한다. 덕분에 아주 멋진 책을 기쁜 마음으로 받아볼 수 있게 되었다. 가이즈카 씨도 디자이너라는 역할을 넘어 문제를 풀었고, 전체 구성까지 참여했다. 그녀의 노력과

재능이 있어 읽기 편안한 책이 완성되었다. 가이즈카 씨는 게이오기주쿠대학 사토 연구회의 첫 연구생이다. 이들 사토 연구회 멤버들 덕분에 정말로 행복했다.

이 책을 통해 더 많은 사람이 진정한 수학의 재미를 느끼고 이를 통해 더 풍요롭고 즐거운 시간을 보낼 수 있다면 저자로서 더할 나위 없이 기쁠 것이다.

컵이 나를 수학의 세계로 이끌 때   히로세 준야

지금 내 앞에는 이 책에 실으려고 후보에 올린 여러 문제가 놓여 있다. 우리가 좋다고 생각하던 이런 문제는 사진은커녕 그림도 없이 글로만 적힌 상태다.

이 책을 탄생시킨 연구회에서는 매번 새로운 문제를 만들어 오는데, 문제를 만드는 것은 문제를 푸는 것보다 훨씬 어렵다. 어떤 수학적 개념을 포함시킬 것인지, 문제로서 부족한 점은 없는지, 마음을 움직이는 구성인지 등 고려해야 할 것이 산더미다. 문제를 만들다 막힐 때는 앞서 말한 문제를 되살펴보며 왜 재밌다고 생각했는지 그 이유를 다시 생각하곤 했다.

그때 반드시 떠올린 이유 중 하나가 '생활 속에서 문제를 접해 수학을 친근하게 느끼는 것이 좋다'는 것이었다. 문제를 이해하거나 답을 구할 때 머릿속에 컵이나 흰색 테두리, 보행로의 타일과 같이 실제로 있는 물건이 갑자기 나와 수학을 이어주는 중개자가 되어 움직인다. 이를 통해 수학적 사고가 필요한 문제를 구체적인 이미지로 사고할 수 있게 되는 것이 무척 즐겁고 사랑스럽게 느껴졌다.

이 책의 목표가 정해져 하나씩 문제를 만들어가기 훨씬 전부터 도쿄의 쓰키지에서 수학 연구회가 열렸다. 처음부터 거기서 문제를 만든 것은 아니었다. 매회 한 사람이 재밌는 문제를 찾아와서 모두가 풀어보는 것을 꾸준히 해왔다. 그 자리에는 언제나 시행착오를 겪으면서 답에 근접할 때의 기쁨, 새로운 방법을 알게 되어 시야가 넓어질 때의 즐거움이 가득했다. 이 《풀고 싶은 수학》은 그때 열중하던 시간을 일상의 컵이나 보행로 타일 등을 통해 서적이라는 형태로 만든 시도라 할 수 있다. 우리가 즐겁게 문제를 풀던 그 시간을 이 책을 매개로 독자 여러분도 체험하게 된다면 정말 기쁠 것이다.

어떻게 문제를 설계하는가
——— '사고력 키우기' 체험 설계   오시마 료

12년 전 이 연구회가 시작되었을 때는 상상도 하지 못한 책이 완성되었다.

《풀고 싶은 수학》은 독자가 한눈에 문제 의도를 파악할 수 있도록 하는 것, 그리고 한눈에 풀고 싶은 마음이 들게 하는 것, 이 2가지를 목표로 수학 문제를 내고 설명하는 방법을 모색했다.

바탕이 된 수학 문제 자체는 특징적인 수학적 개념이 포함되어 있는지, 그 수학적 개념에서 재미를 느낄 수 있는지를 기준으로 선택했다. 그리고 선택한 문제를 계속 수정했다.

수정 시에는 읽는 사람이 페이지를 펼칠 때 거기에 담긴 정보를 머릿속에서 재구성하기 쉬울 것, 특히 문제를 추상화하기 쉽게 만드는 것에 역점을 두었다. 이를 위해 자, 너트, 종이컵, 주사위 등 누구나 머릿속에서 손쉽게 떠올릴 수 있는 구체적이고 일상생활에 흔한 사물을 많이 활용했다. 이와 같은 이유로 복잡한 구도나 과도한 조명, 그래픽 같은 구성은 피했다. 또한 모든 도판과 문장은 따로따로 검토한 것이 아니라 전부 배치한 상태에서 적절한지 판단했다. 문제를 파악하거나 설명을 이해하는 데 적절한 순서와 속도로 내용을 제시할 수 있도록 도판, 문장, 레이아웃을 조정해나갔다. 이 책의 문제 하나하나는 수학적 도구를 활용했다.

구름판을 사용하면 뜀틀을 높이 뛰어넘을 수 있듯이 수학적 도구를 제대로 사용하면 어려워 보이는 문제가 슬그머니 풀린다. 잔잔한 성취감이 동반된 이런 즐거움이 우리가 수학 연구회에서 문제 풀이에 집중한 이유이다. 독자 여러분도 꼭 느껴보시기 바란다. 이를 실행하려면 '좋은 머리'보다 '사고력'이 필요하다. '사고력 키우기'는 운동과 같아서 습득이 가능하므로 얼마든지 훈련할 수 있다. 설명을 보기 전에 꼭 종이와 펜을 준비해 집중해서 문제를 푸는 시간을 갖기 바란다. 각각의 설명은 모범 답안의 하나라고 생각하면 좋다. 다른 설명도 언제나 환영한다. 그리고 문제가 재미있다는 것도 보증한다.

이 책의 문제와 설명을 통해 '사고력 기르기'를 체험하고 수학에 흥미를 느끼게 되길 바란다.

참고문헌 A Moscow Math Circle: Week-by-week Problem Sets by Sergey Dorichenko, translated by Tatiana Shubin (Mathematical Sciences Research Institute, 2012).

Mathematical Circles (Russian Experience) by Dmitri Fomin, Sergey Genkin, and Ilia Itenberg, translated by Mark Saul (American Mathematical Society, 1996).

북 디자인 KAIZUKA Tomoko [Euphrates]

촬　　영 OSHIMA Ryo
　　　　KAIZUKA Tomoko(너트와 저울／대중소의 초콜릿)
　　　　SATO Masahiko(부두／마쓰야긴자 백화점 식품 매장／화장실 타일)

미　　술 OSHIMA Ryo(부두의 말뚝 모델／십자로／하노이 탑)
　　　　FURUBEPPU Yasuko(대중소의 초콜릿／6개의 테두리)
　　　　KAIZUKA Tomoko(대중소의 초콜릿)

일러스트 SATO Masahiko＋KAIZUKA Tomoko

출　　연 KAIZUKA Tomoko(표지／너트는 전부 몇 개일까／
　　　　대중소의 초콜릿／7개의 오셀로／동전 가져가기 게임)
　　　　OHASHI Ko　BALDING Lila　HAYASHI Nazuna
　　　　KATO Jutaro　NAKA Kyoko
　　　　TAKENAKA Kota　YAMAMOTO Roy(6명의 아이와 6개의 테두리)
　　　　YAMAMOTO Kohji Robert(5개의 종이컵)
　　　　SATO Masahiko(4개의 도구)

협　　력 TAKAHASHI Hiroki　ISHIZAWA Takaaki(7개의 오셀로／주사위 회전)

촬영 협력 공익재단법인 Waseda Hoshien(6명의 아이와 6개의 테두리)

도판 출전 스시바루／파쿠타소(www.pakutaso.com) (칠판의 0과 1)
　　　　일본경제신문전자판 2018년 1월 22일(도쿄의 인구와 머리카락)
　　　　'비둘기집 원리란'(도쿄의 인구와 머리카락)
　　　　BenFrantsDale, Igor523에 의해 "Pigeons-in-holes.jpg"
　　　　(https://commons.wikimedia.org/wiki/File:Pigeons-in-holes.jpg)를 KAIZUKA Tomoko가 고쳐서 제작.
　　　　이 사진은 Creative Commons Attribution-Share Alike 3.0 Unported(CC BY-SA 3.0)하에 제공받았다.
　　　　국토지리원 웹사이트(www.gsi.go.jp)(요코하마 차이나타운)
　　　　Image Source/gettyimages(존과 메리의 키 재기)

사토 마사히코

1954년 시즈오카현 출생, 도쿄대학 교육학부를 졸업했다. 1999년 게이오기주쿠대학 환경정보학부 교수에 취임했고, 2006년 도쿄예술대학 대학원 영상연구과 교수, 2021년 도쿄예술대학 명예교수에 취임했다.

저서로는 《경제가 그런 거였나》, 《새로운 이해법》 등이 있으며 〈I.Q〉 게임 제작에 참여했다. 게이오기주쿠대학 사토 마사히코 연구실 시절부터 NHK 교육 텔레비전 〈피타고라스 위치〉, 〈생각하는 까마귀〉, 〈프로그래밍적 사고〉 등에 참여하는 등 분야를 초월하여 독자적인 활동을 이어가고 있다.

《일상에 숨어 있는 수리 곡선》으로 2011년에 일본 수학회 출판상을 수상했다.

2011년에는 예술 선장 문부과학대신상, 2013년에는 자수 포장을 받았으며, 2014년과 2018년에는 칸 국제 영화제 단편 부문에 공식 초청되었다.

오시마 료

1986년생으로 게이오기주쿠대학 대학원 정책·미디어 연구과 석사 과정을 수료했다. 학부 재학 중에 사토 마사히코 연구실 소속으로 두뇌 활용 프로그램 '피타고라 장치' 제작에 참여하는 등 표현 방식을 연구했다. 졸업 후 프로그래머 인터랙션 디자이너로 활동 중이다. 2014년 〈손가락을 놓다〉전의 실험 장치를 제작했다. 독립 행정법인 정보처리추진기구 2011년 프런티어 IT 인재 발굴·육성 사업에서 프런티어 슈퍼크리에이터로 선정되었다. 2012년에 D&AD 상을 수상했다.

히로세 준야

1987년 가나가와현 출생으로 2012년 게이오기주쿠대학 대학원 정책·미디어 연구과 석사 과정을 수료했다. 학부 재학 중에 사토 마사히코 연구실 소속으로 두뇌 활용 프로그램 '피타고라 장치' 제작에 참여하는 등 표현 방식을 연구했다. 현재 프로그래머로 일하고 있다. 2012년에 D&AD 상을 수상했다.

옮긴이 **조미량**

광운대학교 수학과를 졸업하고 동경외어전문학교에서 일본어를 공부했다. 현재 일본에 거주하면서 일본어 전문 번역가로 활동 중이다. 옮긴 책으로는 《재밌어서 밤새 읽는 수학 이야기》, 《재밌어서 밤새 읽는 수학자들 이야기》, 《재밌어서 밤새 읽는 인체 이야기》, 《재밌어서 밤새 읽는 생명과학 이야기》, 《뇌를 살리는 5가지 비밀》 등이 있다.

TOKITAKU NARU SUGAKU

by Masahiko Sato, Ryo Oshima, Junya Hirose

ⓒ 2021 by Masahiko Sato, Ryo Oshima and Junya Hirose

Originally published in 2021 by Iwanami Shoten, Publishers, Tokyo.

This Korean edition published 2022

by Iaso Publishing Co., Seoul

by arrangement with Iwanami Shoten, Publishers, Tokyo.

풀고 싶은 수학

초판 1쇄 발행 2022년 11월 20일

지은이 사토 마사히코, 오시마 료, 히로세 준야
옮긴이 조미량
펴낸이 명혜정
펴낸곳 도서출판 이아소

편집장 송수영
교 열 정수완
디자인 레프트로드

등록번호 제311-2004-00014호
등록일자 2004년 4월 22일
주소 04002 서울시 마포구 월드컵북로5나길 18 1012호
전화 (02)337-0446 **팩스** (02)337-0402

책값은 뒤표지에 있습니다.
ISBN 979-11-87113-54-6 03410

도서출판 이아소는 독자 여러분의 의견을 소중하게 생각합니다.
E-mail: iasobook@gmail.com